品茶饮酒皆适合的成年人口味蛋糕 + 不同季节的果酱

磅蛋糕和果酱的绝美搭配

［日］关口晃世　著

邓楚泓　译

中国民族摄影艺术出版社

写在前面的话

　　我不太擅长那种名字复杂或者制作方法非常复杂的蛋糕。名字太长我根本记不住，步骤太复杂的时候我又总是对自己说：下次再尝试吧。之后就将其抛在脑后了，不知道什么时候再会去尝试。

　　我设计蛋糕，通常都会选择应用最少的工具以及最经济的分量，并且在最少的步骤中完成制作。因此，不太擅长蛋糕制作的朋友也能够轻松掌握这些方法。

　　因为制作材料非常简单，所以如何合理地将这些材料有机地组合起来才更加重要。我在制作的时候，往往会带着尝试的心情去思考：不同的搭配会产生什么样的效果？为了使那些品尝到蛋糕的人能够心满意足，我在制作时会像画画一样选择丰富的颜色搭配，同时尽力让新鲜的水果味道更加凸显。

　　我希望您能够通过制作蛋糕感受到季节的轮回更替，所以在制作的时候请选择应季的水果作为材料。制作果酱比较耗费时间，但是自己私房制作的果酱味道确实特别好。即使您是初学者，我也推荐尝试自制果酱。

　　香草、香料以及酒等材料的用量因人而异，不必太过于纠结用量的多少，实际的用量可以酌情进行调整。希望您能够按照自己的想法大胆尝试，享受制作的快乐。

关口晃世

图片中的店铺卡片是我的朋友清水美红的作品。一朵庆祝生日的山茶花映衬着店铺里墙壁的色彩。

目　录

使用水果或果酱制作蛋糕

使用巧克力、焦糖和酒制作蛋糕

使用香料、茶、水果干、坚果制作蛋糕

果酱、甜点、饮料

制作蛋糕前的准备工作

· 1小勺为5mL、1大勺为15mL，
  1量杯为200mL。
· 1个鸡蛋约为50g（去壳称重）。
· 柑橘类辅料可以洗净后带皮使
  用，选择国产品种。
· 对于某些含水量较高的蛋糕，
  在加入面粉前面团很难混合成
  团，因此可以先行混合少量面
  粉，这样面团就容易成形了。
· 使用烤箱前先设定温度，然后
  进行预热。
· 蛋糕的烘焙时间以及制作果酱
  的时间会因为所使用的容器以
  及材料的不同状态产生差异。
  因此菜谱上的时间只是大致的
  参考时间，在制作的过程中可
  以酌情进行调整。

柠檬磅蛋糕

鸡蛋和黄油的柔和美味与柠檬酸爽的味道相得益彰。柠檬磅蛋糕的制作方法非常简单，不管是谁都能够轻松完成。切一片蛋糕，加上柔软的鲜奶油，就是一款非常好吃的小甜品。

蛋糕的表面如同曲奇饼干那样酥脆，同时内部又富含水分。不轻不重
的口感是通过两段温度设定形成的。当蛋糕的表面烘焙完成之后，降
低烤箱的温度，用铝箔将蛋糕表面包裹起来再次进行烘焙，直至完成。

柠檬磅蛋糕的制作方法

材料 24.5cm磅蛋糕制作模具1个份

无盐黄油	180g
鸡蛋	3个
细砂糖	150g
低筋面粉	230g
泡打粉	1小勺
柠檬皮碎屑	1个份
柠檬汁	1大勺

使用刮刀将黄油切碎压软。

准备：将黄油从冰箱中取出，放置在室内回温，将鸡蛋也放置在室内回温。

用打蛋器搅拌，使空气混入面团会更加松软。

准备：将低筋面粉和泡打粉放入盆中，用打蛋器进行搅拌混合，如果产生面疙瘩，可晃动面盆使其变均匀。

准备：在山形模具中放入烘焙用纸，将电烤箱预热到160℃。

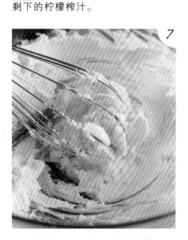

准备：将柠檬皮研磨成柠檬皮碎屑，剩下的柠檬榨汁。

一直搅拌至黏稠。

将步骤1中的黄油放入盆中，用打蛋器进行搅拌使其变得柔软。

在步骤5中加入细砂糖，用打蛋器进行搅拌。

当细砂糖完全溶解后继续搅拌，直到与黄油混合均匀。

在步骤7中打入1个鸡蛋，用打蛋器搅拌均匀后打入第2个鸡蛋，搅拌均匀后再打入第3个鸡蛋。

容易分散，因此请快速用力搅拌。

3个鸡蛋完全融合后还要继续搅拌，直到混合得均匀柔软。

在某种意义上说，我们可以将打蛋器看做是手动搅拌器，因此在使用的时候需要快速用力。将打蛋器的顶端插入盆底，画圈搅拌。注意，加入面粉类材料后不要搅拌过度，可使用硅胶刮刀一边切割面团一边搅拌。

10

将两种面粉一起加入搅拌后的盆中。

11

> 加入面粉后不要搅拌过度，以防面团过黏。

改用硅胶刮刀进行搅拌混合。

12

在面粉完全混匀之前加入步骤4中的柠檬皮碎屑和柠檬汁。

13

使用硅胶刮刀一边切一边进行混合。

14

完成面团的混合。混合好的面团表面完全融合，面团柔软。

15

> 使用硅胶刮刀将面团放入模具中，填充到每个角落。

将面团放入准备好的模具中。

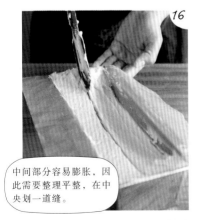

16

> 中间部分容易膨胀，因此需要整理平整，在中央划一道缝。

将面团中部刮平整使其呈现凹槽状，在面团中央划一道1cm深的缝。

17

> 向蛋糕内插入竹扦，取出后没有粘上湿面就完成烘焙了。

将模具放入160℃的烤箱中烘烤25分钟后取出，将烤箱温度调到140℃，在蛋糕表面覆盖铝箔后再烘烤45分钟。

18

关闭电源，让蛋糕在烤箱内自然冷却，用刀子从两侧插入模具中，将面包连同烘焙纸一起取出。

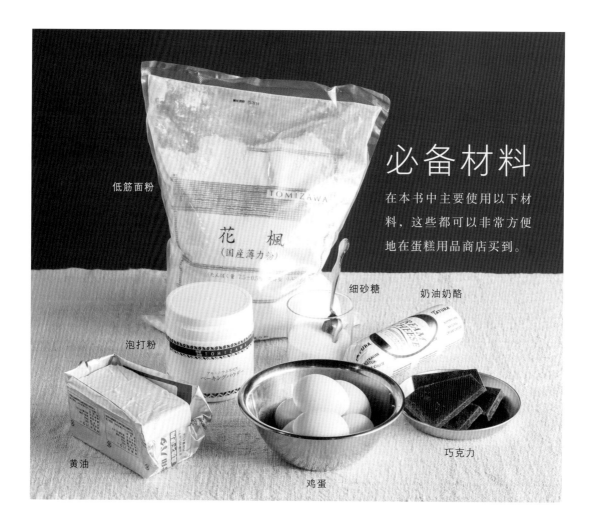

低筋面粉

TOMIZAWA

花 枫
(国産薄力粉)

细砂糖

奶油奶酪

泡打粉

黄油

鸡蛋

巧克力

必备材料

在本书中主要使用以下材料，这些都可以非常方便地在蛋糕用品商店买到。

低筋面粉

本书中选用日本产低筋面粉，也可以选择购买超市中销售的品种。现在的低筋面粉大多不会形成面粉结粒，因此一般可以不用过筛。如果产生结粒，请过筛之后使用。

泡打粉

泡打粉可以使得面粉发酵膨胀。推荐您选择不含铝的品种。

奶油奶酪

在烘焙蛋糕的时候，事先将其切成小块。加入奶油奶酪可以适当突出蛋糕的酸味和甜味。

黄油

选择不含食盐的品种。使用的时候需要先将其从冰箱内取出，放置在室温环境下回温，再与其他材料混合在一起，但是注意不要让其完全化成液体。

细砂糖

在制作蛋糕的时候选择细砂糖来增加蛋糕的甜味。细砂糖没有其他的杂味，因此使用的时候不会影响其他材料的味道，也可以用在果酱里。

巧克力

制作蛋糕的时候主要使用味道较苦的巧克力，有时候也会使用白巧克力。使用的时候将其放入耐热容器中，然后放入微波炉（400W）内加热4分钟。

鸡蛋

选用约50g左右的鸡蛋（去壳重量）。

柠檬等柑橘类水果

除了可以用来榨取果汁、切片以及切丁以外，还可以制作果酱。如果将果皮作为原料，建议使用无农药品种。

酥脆、绵柔

制作磅蛋糕的基本材料由面粉、鸡蛋、黄油、砂糖4种组成。黄油蛋糕中的代表作品法国四合蛋糕（Quatre-Quarts）也是使用的这4种基本材料，但黄油、鸡蛋、砂糖的用量都要比本书介绍的磅蛋糕多出三成。所以，与具有浓郁黄油香味的法式蛋糕相比，少油、少糖的磅蛋糕味道更佳清爽，用小刀子可以轻松切开，放入口中松软绵柔，非常适合作为日常小茶点。

常用模具

本书中的蛋糕都是由这种
模具烘焙而成的。

长24.5cm×宽8cm×深6cm

金属制的磅蛋糕模具。使用这个
模具制作的蛋糕分量较为适中，
能够切割成10片较厚的面包片。

模具的准备

1

准备长度与模具相同，宽度
是模具5倍大小的烘焙纸。

2

将烘焙纸放入模具中，剩下
的部分折叠放在模具外侧。

放入面团的方法

1

将不容易膨胀的
面团两侧加高。

将面团放入模具中，并且填
满每个角落，使表面自然平
整，中间呈现弓箭形凹陷。

2

烘焙的时候从这
道缝开始膨胀，
形成漂亮的造型。

在面团中央划一道1cm深
的缝。

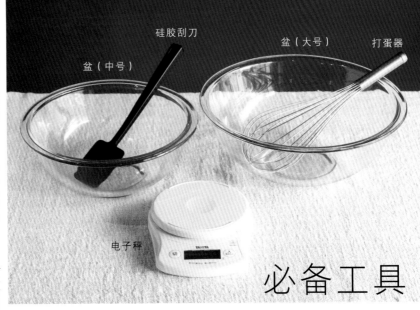

必备工具

本书中的蛋糕都是由这些工具制作而成的。

图中标注：硅胶刮刀、盆（中号）、盆（大号）、打蛋器、电子秤

盆

在本书中我们使用大号（直径30cm左右）、中号（直径25cm左右）两种盆。中号的用来混合面粉，大号的用来和面。在搅拌材料的时候一定要将盆固定好，这样更容易搅拌，我有时候会抱着盆进行搅拌。

打蛋器

打蛋器用来混合面粉、砂糖、鸡蛋以及将黄油搅拌成奶油状。使用打蛋器搅拌面粉的时候能够使得空气进入面团中，因此更容易切割面团。

硅胶刮刀

硅胶刮刀可以用在加入面粉之后的面团混合，或者将刮刀插入模具中，在面团表面划线的时候使用，我一般使用硅胶质地的刮刀。

电子秤

用于称重材料。在制作蛋糕的时候，对于材料的准确称重要求很严格，因此正确使用电子秤也是非常重要的。

将面包烘烤绵润的方法

1

当面包膨胀到八成，表面呈现茶色的时候。

在160℃的烤箱中烘烤25分钟后取出。将烤箱设定为140℃。

2

表面不会烤焦，中火烘焙使面团内部更加绵润。

在蛋糕表面覆盖铝箔，放入140℃的烤箱中烘烤45分钟。

3

烤箱内温度逐渐降低，面包不会变得非常干燥。

关闭烤箱电源，让蛋糕在烤箱中自然冷却。

取出蛋糕的方法

1

将刀子的顶端插入模具和蛋糕之间，划动一下，相反方向的操作方法相同。

2

提起两侧的烘焙纸，取出蛋糕。

使用水果或
果酱制作蛋糕

水果能够给蛋糕带来一种天然的香甜味道。

使用不同的水果也会给蛋糕带来不同的颜色，

柑橘类水果呈现橙色、苹果呈现红色、草莓呈现赤色，赏心悦目。

煮制的果酱中蕴含着季节的美味，就这样静静地将这份美味珍藏在罐子中。

柚子柠檬糖霜磅蛋糕

混合柚子皮的面团上覆盖着雪花一般的糖霜。糖霜中加入了柚子汁，最后还装饰了柚子皮碎屑。在柑橘类水果中，柚子的味道别具一格，它是一种能够让人感受到和风的水果。

材料　24.5cm 山形模具1个份

面团
┌无盐黄油 ························ 180g
│鸡蛋 ···························· 3个
│细砂糖 ························· 150g
│低筋面粉 ······················ 230g
│泡打粉 ························ 1小勺
│柚子皮碎屑 ·················· 2/3个份
└柠檬皮碎屑 ·················· 2/3个份
糖霜
┌糖粉 ··························· 100g
│柚子汁 ························ 1小勺
│柠檬汁 ························ 1小勺
└水 ··························· 2小勺
装饰
┌柚子皮碎屑 ·················· 1/3个份
└柠檬皮碎屑 ·················· 1/3个份

准备

＊将黄油和鸡蛋放置在室温环境下。
＊在盆中放入低筋面粉和泡打粉，用打蛋器混合。
＊将电烤箱预热到160℃。
＊在山形模具中放入烘焙用纸。

制作方法

1　在大盆中放入事先准备好的黄油，用打蛋器进行搅拌，直到黄油变得比较柔软。

2　加入细砂糖后，用打蛋器继续搅拌，直到与黄油完全混合在一起。

3　一个一个地打入鸡蛋，每打入一个即用打蛋器进行搅拌。

4　加入事先混合好的面粉，用硅胶刮刀进行搅拌。

5　搅拌到只有少许粉末时，加入柚子皮碎屑及柠檬皮碎屑，用硅胶刮刀继续搅拌。

6　将面团放入准备好的模具中，面团中间部分低平并且在中间纵向划一道1cm深的缝。

7　将模具放入160℃的烤箱中，烘焙25分钟后取出。将烤箱的温度调到140℃，并在蛋糕表面覆盖铝箔继续烘焙45分钟。关闭电源，让蛋糕在烤箱中自然冷却，最后从模具中将蛋糕取出。

8　将糖霜材料放入小锅中用小火加热，用木铲子进行搅拌。当糖汁变得比较浓稠，迅速将其倒在蛋糕表面，最后在表面撒上柚子皮碎屑、柠檬皮碎屑。

白嫩的糖霜凝固之后口感变得很脆，颜色如同毛玻璃一般映衬着柚子皮的黄色。这是一款适合作为茶点的和风蛋糕。

金橘和奶油
奶酪磅蛋糕

当把这款蛋糕切开，你会在面包的断面上发现自己煮制的金橘，这一定是非常令人高兴的事情。制作时还放入了切成小块的奶油奶酪。烘焙完成后，煮制金橘的甘甜与奶酪的浓厚香味完美融合，配上一杯日本烘焙茶，这一定是一款味道完美的餐后甜点。

圆圆的金橘小巧可爱，在煮制
前需要细心切开。金橘的外皮
较薄很容易就煮好了。

材料 24.5cm 山形模具1个份

无盐黄油·······················150g
鸡蛋···························3 个
细砂糖·························130g
低筋面粉·······················200g
泡打粉·························1 小勺
金橘果酱（P20）···············180g
奶油奶酪·······················60g

准备

* 将黄油和鸡蛋放置在室温环境下。
* 在盆中放入低筋面粉和泡打粉，用打
  蛋器混合。
* 将奶油奶酪切成1.5cm大小的块。
* 将电烤箱预热到160℃。
* 在山形模具中放入烘焙用纸。

制作方法

1 在大盆中放入事先准备好的黄油，用打蛋器进行搅拌，直到黄油
   变得比较柔软。

2 加入细砂糖后，用打蛋器继续搅拌，直到与黄油完全混合在一
   起。

3 一个一个地打入鸡蛋，每打入一个即用打蛋器进行搅拌。

4 加入事先混合好的面粉，用硅胶刮刀进行搅拌。

5 搅拌到只有少许粉末时，加入金橘果酱和一半奶油奶酪，用硅胶
   刮刀继续搅拌。

6 将面团放入准备好的模具中，面团中间部分低平并且在中间纵向
   划一道1cm深的缝。

7 将另一半奶油奶酪轻轻地按压到面团里。

8 将模具放入160℃的烤箱中，烘焙25分钟后取出。将烤箱的温
   度调到140℃，并在蛋糕表面覆盖铝箔继续烘焙45分钟。关闭
   电源，让蛋糕在烤箱中自然冷却。

金橘甜罐头

新鲜的金橘可以连果皮一起食用。煮好的金橘充分吸收了糖浆的味道，果味更加浓郁，透明的果皮更是让人欲罢不能。金橘核比较多，处理的时候稍微会麻烦一些。但是在制作的过程中，我相信您一定会逐渐享受这种过程。

材料　方便制作的用量

金橘·······························1kg
细砂糖·········　去核金橘的1/2用量
水··············　去核金橘的1/3用量

1

将金橘洗净沥干水。

2

去除金橘的蒂，将其切成两半。

3

用竹扦去除金橘核，称量金橘的重量。将金橘放入小锅中。

4

在步骤3中的小锅里加入细砂糖和水，用木铲搅拌均匀。

5

中火熬制，待锅边开始冒泡时转为小火，用木铲搅匀继续煮制。

6

当金橘煮制到比较浓稠时即完成制作（制作过程中如果介意浮沫，可以将其撇干净）。

金橘蜜饯

将煮制好的金橘晾干就可以得到非常美味的茶点。金橘蜜饯中浓缩了糖浆的精华，小小的一块融入口中就会让您感到浓郁的甘甜。金橘蜜饯适合作为番茶（日本的一种绿茶）和红茶的茶点。

材料

金橘罐头（P20）…………… 适量
细砂糖…………………… 适量

制作方法

1 将制作好的金橘罐头沥干。

2 在步骤1中加入满满的细砂糖。

3 放置在干燥的地方，可以根据喜好设定风干的时间。

上图为风干1个月左右的金橘蜜饯，左图为风干1个星期左右的效果，细砂糖点缀在果皮上非常好看。具体的风干时间不同，颜色和味道也不相同。

柚子果酱和奶油奶酪磅蛋糕

橙色的柚子果酱和切成小块的奶油奶酪在鸡蛋色的面团中营造出一幅漂亮的图景。绵润的面团中包裹着柚子深邃的香味，烘焙时间较长的蛋糕表面略有些苦涩。

将一半量的奶油奶酪撒在蛋糕表面，增加蛋糕的变化，在享用美味蛋糕之前撒上少许的柚子皮碎屑。

制作材料 24.5cm 山形模具1个份

无盐黄油	150g
鸡蛋	3个
细砂糖	130g
低筋面粉	200g
泡打粉	1小勺
柚子果酱（P24）	130g
奶油奶酪	60g
柚子皮碎屑	少许

准备

* 将黄油和鸡蛋放置在室温环境下。
* 在盆中放入低筋面粉和泡打粉，用打蛋器混合。
* 将奶油奶酪切成1.5cm大小的块。
* 将电烤箱预热到160℃。
* 在山形模具中放入烘焙用纸。

制作方法

1 在大盆中放入事先准备好的黄油，用打蛋器进行搅拌，直到黄油变得比较柔软。

2 加入细砂糖后，用打蛋器继续搅拌，直到与黄油完全混合在一起。

3 一个一个地打入鸡蛋，每打入一个即用打蛋器进行搅拌。

4 加入事先混合好的面粉，用硅胶刮刀进行搅拌。

5 搅拌到只有少许粉末时，加入柚子果酱和一半奶油奶酪，用硅胶刮刀继续搅拌。

6 将面团放入准备好的模具中，面团中间部分低平并且在中间纵向划一道1cm深的缝。

7 将另一半奶油奶酪轻轻地按压到面团里。

8 将模具放入160℃的烤箱中，烘焙25分钟后取出。将烤箱的温度调到140℃，并在蛋糕表面覆盖铝箔继续烘焙45分钟。关闭电源，让蛋糕在烤箱中自然冷却。

9 完成后在蛋糕表面撒上柚子皮碎屑。

柚子果酱

从厚厚的柚子皮中取出柚子果肉，再将柚子果肉的外皮剥干净，这不是一件轻松的事情。但是当品尝到努力制作完成的美味柚子果酱时，之前的辛苦也都是值得的。需要注意的是煮制时间过长会导致味道变差。

材料 方便制作的用量

柚子……………………………… 3个
细砂糖……………… 柚子的1/2用量

准备

* 将柚子洗净去除外皮。

1 将准备好的柚子4等分切开，然后去皮。在带皮的状态下剥干净白色的络，用小盆盛接洒落的柚子汁。

2 锅中加水煮沸，放入柚子皮煮8～10分钟，捞出沥干水。然后过冷水，再次捞出沥干。

3 用小刀片去果皮内部的白色的络，将果皮切成2～3mm宽的小条。

4 将步骤1中的果肉和果汁以及步骤3中的果皮进行称重，加入1/2量的细砂糖，将全部材料放入锅中，用木铲进行搅拌。

5 用中火加热，当锅周围开始沸腾时改用小火，用木铲搅拌继续煮制。

6 当果酱变得比较浓稠时即完成制作（制作过程中如果介意浮沫，可以将其撇干净）。

热柚子茶

在感冒或喉咙不舒服的时候，在寒冷的冬季从房间内眺望窗外景色的时候，这款浓香四溢的暖暖饮品一定会让您身体温暖，心情愉快。

材料　1杯份

柚子果酱（P24）…………	2大勺
蜂蜜………………………	1小勺
柠檬切片…………………	1片
水…………………………	150mL

制作方法

1　在小锅中加入水、柚子果酱、蜂蜜中火熬制。

2　轻轻搅拌，当小锅周边开始冒泡时关火倒入杯中。

3　放入柠檬切片。

柚子的香气和味道都非常浓郁，但是果肉却柔软又富有水分，这种对比感本身就别有一番风味。柚子还能用在很多菜品中，多余的柚子皮也可以放在浴池里。

苹果核桃肉桂磅蛋糕

将略带酸味的苹果制作成果酱,和切块后的核桃仁一起加入蛋糕之中。浅红色的苹果酱经过烘焙之后变成茶色,显得质朴实在。用肉桂增添风味是我制作蛋糕的风格,您也可以根据喜好酌情使用。

材料 24.5cm 山形模具 1 个份

无盐黄油··················	150g
鸡蛋··················	3 个
细砂糖··················	130g
低筋面粉··················	190g
泡打粉··················	1 小勺
肉桂粉··················	10 g
苹果果酱(P28)··················	150g
核桃仁··················	60g

准备

* 将黄油和鸡蛋放置在室温环境下。
* 在盆中放入低筋面粉和泡打粉,用打蛋器混合。
* 选择外形漂亮的核桃仁 8~10 个进行装饰用,剩余的切成碎末。
* 将电烤箱预热到 160℃。
* 在山形模具中放入烘焙用纸。

制作方法

1 在大盆中放入事先准备好的黄油,用打蛋器进行搅拌,直到黄油变得比较柔软。

2 加入细砂糖后,用打蛋器继续搅拌,直到与黄油完全混合在一起。

3 一个一个地打入鸡蛋,每打入一个即用打蛋器进行搅拌。

4 加入事先混合好的面粉,用硅胶刮刀进行搅拌。

5 搅拌到只有少许粉末时,加入苹果果酱和核桃碎,用硅胶刮刀继续搅拌。

6 将面团放入准备好的模具中,面团中间部分低平并且在中间纵向划一道 1cm 深的缝。

7 将装饰用核桃仁轻轻地按压到面团里。

8 将模具放入 160℃的烤箱中,烘焙 25 分钟后取出。将烤箱的温度调到 140℃,并在蛋糕表面覆盖铝箔继续烘焙 45 分钟。关闭电源,让蛋糕在烤箱中自然冷却。

森林中，铺满枯叶的地面上星星点点地散落着核桃，茶色的蛋糕不禁让人联想到这幅场景。蛋糕上的核桃让人想起秋天森林里的味道。

看着红红的果酱，我就想制作一款粉色的蛋糕。虽然我已经尝试了很多次，但总是不能成功，蛋糕还是茶色的。

将步骤1的材料进行称重，并将其1/2用量的细砂糖和苹果一起放入锅中，用木铲搅拌均匀。

开中火进行煮制，当锅边开始冒泡时改为小火，用木铲搅拌继续煮制。

苹果果酱

我非常享受制作苹果果酱的过程，随着时间的推移果皮逐渐渗透出红色，果肉也被染成粉色。有的时候，夕阳西下的天空也被晚霞染成淡淡的粉色。看着苹果果酱的颜色，我总是能想起那片天空。

材料 方便制作的用量

苹果（推荐选择红玉）………… 2个
细砂糖………… 去核苹果的1/2用量

准备

＊ 将苹果洗净晾干水。

将苹果4等分切成半圆形、去除苹果核，切成2~3mm厚的片。

当果汁收干之后即完成制作（制作过程中如果介意浮沫，可以将其撇干净）。

制作材料

苹果果酱（P28）·············· 2大勺
奶油奶酪·······················1大勺
香草冰淇淋················· 盛满2大勺
鲜奶油····················· 将近1大勺
格兰诺拉燕麦···················2大勺

制作方法

1 在杯底放入1大勺格兰诺拉燕麦，再放入满满1大勺香草冰淇淋。

2 放入1大勺苹果酱、1/2大勺的奶油奶酪。

3 再将满满1大勺香草冰淇淋和将近1大勺鲜奶油放入杯中，最后放入1/2大勺奶油奶酪。

4 最后放入1大勺苹果酱，再将1大勺格兰诺拉燕麦撒在表面。

苹果果酱和
奶油奶酪芭菲

在成为自由甜品师之前，我曾经工作过的甜品店里就有这样一款甜点，是由果酱搭配冰淇淋和奶酪制作而成的，这让我想起了曾经的自己。

梅子果酱和巧克力磅蛋糕

我曾尝试过使用很多不同的材料组合制作蛋糕，但是最喜欢的还是这一款。略带苦涩的巧克力和酸爽得让人浑身震颤的梅子搭配在一起让人欲罢不能。在品尝这款蛋糕的时候，可以搭配果酱和鲜奶油。

材料　24.5cm 山形模具1个份

无盐黄油	150g
鸡蛋	3 个
细砂糖	100g
低筋面粉	200g
泡打粉	1 小勺
梅子果酱（P32）	100g
巧克力（苦味）	125g

准备

＊ 将黄油和鸡蛋放置在室温环境下。

＊ 在盆中放入低筋面粉和泡打粉，用打蛋器混合。

＊ 将巧克力放入微波炉中（500W）加热4分钟使其变软。

＊ 将电烤箱预热到160℃。

＊ 在山形模具中放入烘焙用纸。

制作方法

1　在大盆中放入事先准备好的黄油，用打蛋器进行搅拌，直到黄油变得比较柔软。

2　加入细砂糖后，用打蛋器继续搅拌，直到与黄油完全混合在一起。

3　一个一个地打入鸡蛋，每打入一个即用打蛋器进行搅拌。

4　加入准备好的巧克力，用硅胶刮刀进行搅拌。

5　加入事先混合好的面粉，用硅胶刮刀进行搅拌。

6　搅拌到只有少许粉末时，加入梅子果酱，用硅胶刮刀继续搅拌。

7　将面团放入准备好的模具中，面团中间部分低平并且在中间纵向划一道1cm深的缝。

8　将模具放入160℃的烤箱中，烘焙25分钟后取出。将烤箱的温度降到140℃，并在蛋糕表面覆盖铝箔继续烘焙45分钟。关闭电源，让蛋糕在烤箱中自然冷却。

看上去是一款巧克力蛋糕，但吃在嘴里梅子果酱的味道瞬间弥漫开来，酸甜中又带有些许的苦涩，这款蛋糕每年我只制作一次。

梅子果酱

梅子具有独特强烈的味道,如果在蛋糕中使用了梅子,很容易就会让人分辨出来。梅子浓郁的味道使得它很难直接享用,如果不能够合理利用,那么制作出的味道一定非常差劲,这是一款非常有魔力的水果。总而言之,在制作的时候需要加大白砂糖的用量,而且请选择耐酸性强的锅。

材料 方便制作的用量

南高梅(选择黄色成熟)……… 500g
细砂糖…………… 梅子70%的用量

制作方法

1 将梅子洗干净用竹扦去除梅子蒂。

2 将水煮开把步骤1的梅子放入水中焯1分钟,捞出沥干水,然后放入冷水中。

3 将步骤2重复1～2次,捞出沥干水。

4 用手连皮将梅子捏碎,去除核后进行称重,加入七成比例的细砂糖。

5 将梅子果肉和细砂糖一同放入锅中,用木铲搅拌。

6 开中火进行煮制,当锅边开始冒泡时改为小火,一边撇去浮沫一边用木铲搅拌继续煮制。

7 用木铲在果酱中划一下,能够留下明显的痕迹且不易消失时即完成制作。

梅子黄油
吐司面包

将黄油加热熔化后涂在吐司面包上，再涂一层梅子果酱。这款吐司对于孩子来说可能比较酸，但也正因如此才更为适合成年人的口味。温暖的橙色恰如夏日的阳光，这款面包非常适合在夏日的清晨享用。

材料　1人份

梅子果酱（P32）·········· 1～2大勺
无盐黄油····························· 1小勺
厚面包片····························· 1片

制作方法

1　在面包片上切割十字，烤成吐司面包。

2　在刚刚烘烤好的面包上涂抹黄油，将其熔化。

3　涂抹梅子果酱，撕下一小块享用美味面包。

烤草莓和迷迭香
白巧克力磅蛋糕

红色的草莓和绿色的迷迭香对比强烈。烤过的草莓水分较少，面团也不会产生太多的水汽，草莓和迷迭香的香气和香味都能够很好地保留。如果您不喜欢迷迭香强烈的味道，可以适当减少用量。

材料 24.5cm 山形模具1个份

无盐黄油	150g
鸡蛋	3个
细砂糖	100g
低筋面粉	200g
泡打粉	1小勺
烤草莓（P36）	150g
白巧克力	125g
干迷迭香（面团用）	1/2大勺
干迷迭香（装饰用）	1/4大勺

准备

＊ 将黄油和鸡蛋放置在室温环境下。
＊ 在盆中放入低筋面粉和泡打粉，用打蛋器混合。
＊ 将巧克力在微波炉（500W）中加热4分钟使其变软。
＊ 将电烤箱预热到160℃。
＊ 在山形模具中放入烘焙用纸。

制作方法

1 在大盆中放入事先准备好的黄油，用打蛋器进行搅拌，直到黄油变得比较柔软。

2 加入细砂糖后，用打蛋器继续搅拌，直到与黄油完全混合在一起。

3 一个一个地打入鸡蛋，每打入一个即用打蛋器进行搅拌。

4 加入准备好的白巧克力，用硅胶刮刀进行仔细搅拌。

5 加入事先混合好的面粉，用硅胶刮刀进行搅拌。

6 搅拌到只有少许粉末时，加入烤草莓和面团用干迷迭香，用硅胶刮刀继续搅拌。

7 将面团放入准备好的模具中，面团中间部分低平并且在中间纵向划出一道1cm深的缝。

8 将装饰用的干迷迭香撒在面团表面。

9 将模具放入160℃的烤箱中，烘焙25分钟后取出。将烤箱的温度调到140℃，并在蛋糕表面覆盖铝箔继续烘焙45分钟。关闭电源，让蛋糕在烤箱中自然冷却。

看上去不会发觉白巧克力的存在，但是吃上一口却能够感觉到如同香草奶油般醇香的味道，与草莓匹配度非常高。

烤草莓

草莓富含水分，而且颜色和形状都非常的可爱，所以我非常想用它来做蛋糕。草莓肉烘烤之后水分并不会减少太多，制作完成后还处于半生状态。把草莓放在烤箱中烘烤一会儿，甜甜的香气就会扑面而来了。

材料 方便制作的用量

草莓·················· 200g（大约1盒）

准备

＊将电烤箱的温度设定为200℃。

制作方法

1 将草莓洗净沥干水，去除草莓蒂。

2 将草莓纵向切成两半，切口朝上摆在烤盘上。

3 将草莓放入预热至200℃的烤箱中烘烤10分钟，基本烤出颜色后即可取出。（注意不要烤过火）

黑醋拌烤草莓冰淇淋

意大利黑醋（balsamico）是一种以葡萄为原料制作的黑葡萄颜色的醋。
将黑醋倒在烤草莓上煮制，就能够制作出比较浓稠的酸味果酱，在上
面加入香草冰淇淋球，一款适合成年人口味的甜点就完成了。

材料 方便制作的用量

烤草莓拌黑醋
┌ 烤草莓（P36）……………………50g
│ 意大利黑醋 ……………………1/2杯
└ 细砂糖 ……………………… 5大勺
香草冰淇淋…………………… 适量

制作方法

1　在锅中放入烤草莓、黑醋、细砂糖，用木铲充分搅拌。

2　用中火煮制，当锅边开始冒泡时改为小火，一边撇去浮沫
　　一边继续煮，直到达到开量的一半时关火。

3　将锅中的酱汁倒入容器内，放凉后放入冰箱内冷藏。

4　在容器中放入冰淇淋球，然后根据喜好将酱汁淋上即可。

柑橘果酱迷迭香磅蛋糕

柑橘皮非常苦，但是和糖一起煮时，这种苦味就会变得非常别致。迷迭香的英文是rosemary，看到rose，我们可能会自然联想到它有玫瑰花的香味，但现实却恰恰相反，迷迭香带有一种独特的苦涩。这两种材料混合制作的蛋糕非常适合饮酒的时候享用。

材料 24.5cm 山形模具1个份

无盐黄油	150g
鸡蛋	3个
细砂糖	100g
低筋面粉	200g
泡打粉	1小勺
柑橘果酱（P40）	150g
干迷迭香（面团用）	1/2大勺
干迷迭香（装饰用）	1/4大勺

准备

＊ 将黄油和鸡蛋放置在室温环境下。

＊ 在盆中放入低筋面粉和泡打粉，用打蛋器混合。

＊ 将电烤箱预热到160℃。

＊ 在山形模具中放入烘焙用纸。

每次制作果酱的时候，我都会克制不住做很多，紧接着又会因为浪费而很后悔：如此多的果酱要做多少个蛋糕才能用完呢？但下一次我还是禁不住做很多，只因享受这种过程。

制作方法

1 在大盆中放入事先准备好的黄油，用打蛋器进行搅拌，直到黄油变得比较柔软。

2 加入细砂糖后，用打蛋器继续搅拌，直到与黄油完全混合在一起。

3 一个一个地打入鸡蛋，每打入一个即用打蛋器进行搅拌。

4 加入事先混合好的面粉，用硅胶刮刀进行搅拌。

5 搅拌到只有少许粉末时，加入柑橘果酱和面团用干迷迭香，用硅胶刮刀继续搅拌。

6 将面团放入准备好的模具中，面团中间部分低平并且在中间纵向划一道1cm深的缝。

7 将装饰用迷迭香撒在蛋糕表面。

8 将模具放入160℃的烤箱中，烘焙25分钟后取出。将烤箱的温度调到140℃，并在蛋糕表面覆盖铝箔继续烘焙45分钟。关闭电源，让蛋糕在烤箱中自然冷却。

将准备好的柑橘4等分切开，去皮。用小盆盛接洒落的果汁。

锅中加水煮沸，放入果皮后焯10分钟，捞出沥干水，然后过冷水，再次捞出沥干。

柑橘果酱

冬季是采摘柑橘的季节，可以买到很多。但是在制作的时候，较大的用量又带来麻烦，剥皮是最耗费精力的，反复地剥皮、切片，感觉总是做不完。不过，这也像登山一样，辛苦地忍耐坚持，最后苦尽甘来，那时就有不同的美味等待着您了。

材料 适量

柑橘·························· 2个
细砂糖·············柑橘重量的1/2

准备

＊柑橘洗净去蒂。

用小刀片去果皮内部的白瓤，将果皮切成3mm宽的小条。

将步骤1中的果肉和果汁以及步骤3中的果皮进行称重，加入细砂糖，将全部材料放入锅中，用木铲进行搅拌。

用中火进行加热，当锅周围开始沸腾时改用小火，用木铲搅拌继续煮制。

当果酱变得比较浓稠时完成制作（制作过程中如果介意浮沫，可以将其撇干净）。

柑橘薄荷苏打

这款苏打水甜中带苦，给人一种清爽的快感，是一款非常适合夏季的梅雨天饮用的饮品。浓浓的橙色由下向上逐渐变淡，反射着漂浮在顶部绿色薄荷的倒影，沉入杯中的冰块也能够带给人视觉上的清凉。

饮料的颜色会让人沉浸其中，也让人更加期待夏天的来临，用吸管捣碎薄荷，一边搅拌一边享用。

材料 1杯份

柑橘果酱（P40）	2大勺
薄荷	2g
蜂蜜	1小勺
碳酸水	150mL
冰块	适量

制作方法

1 将柑橘果酱和薄荷放入杯中，用吸管轻轻搅拌。

2 加入蜂蜜，倒入碳酸水。

3 加入冰块，一边搅拌一边享用。

Happy birthday to you

生日快乐

想要安静地庆祝生日，比起那些装饰浮夸的蛋糕，质朴的磅蛋糕或许是更合适的选择。在蛋糕上插好颜色各异的蜡烛，在心中默默祝福接下来未知的一年吧。

在蛋糕表面淋上鲜奶油，撒上白巧克力，再点缀一颗红樱桃，一抹红色就让人更加愉悦。

将包装好的磅蛋糕
作为礼物送出

作为生日礼物的蛋糕，在包装的时候要花些小心思，
选择对方心仪的花草，再附上一张贺卡。

需要准备的材料

磅蛋糕盒子
干花
植物叶子
蜡纸
贺卡
麻绳
透明胶带

蛋糕盒子的包装方法

1 使用蜡纸将蛋糕盒子包装起来，
   内侧用透明胶带粘贴好。

2 包装纸两端叠好，用透明胶带粘
   好。

3 使用麻绳打一个十字，两端留出
   一段长度。

4 在贺卡上穿孔，用麻绳系好。

5 用麻绳剩余的部分将干花和植物
   的叶子固定。

6 将贺卡捆在包装上。

需准备的材料

磅蛋糕切片
玻璃纸袋
干花
植物叶子
订书器

切片蛋糕的包装方法

1 将切片蛋糕放入塑料袋中，如果表
   面容易粘连，可以使用蜡纸将蛋糕
   包裹起来。

2 将袋口折叠好，把干花和植物叶子
   用订书器固定在袋口。

使用巧克力、焦糖和酒制作蛋糕

略带苦涩的巧克力蛋糕，有些甘苦的焦糖蛋糕，
或是加入了酒精度略高的辅酒，稍有一丝甘甜酒味的蛋糕，
夜阑人静之时，这些蛋糕是与这夜色最为相配的味道。

巧克力柚子果酱
花椒磅蛋糕

巧克力苦中带甜的味道与花椒的麻味相融合，加上蛋糕本身所蕴含
的柚子香味，形成一款味道别具一格的蛋糕。这款蛋糕在销售的时
候经常会被顾客问道：这个月还有卖吗？

巧克力柚子果酱花椒磅蛋糕

材料 24.5cm 山形模具 1 个份

无盐黄油	150g
鸡蛋	3 个
细砂糖	100g
低筋面粉	200g
泡打粉	1 小勺
巧克力（苦味）	125g
柚子果酱（P24）	125g
花椒（面团用）	1 大勺
花椒（装饰用）… 根据喜好使用 1/2~1 大勺	

准备

* 将黄油和鸡蛋放置在室温环境下。

* 将面团用的花椒碾碎。

* 在盆中放入低筋面粉和泡打粉、碾碎的花椒，用打蛋器混合。

* 在微波炉（500W）中加热巧克力 4 分钟使其变得柔软。

* 将电烤箱预热到 160℃。

* 在山形模具中放入烘焙用纸。

制作方法

1 在大盆中放入事先准备好的黄油，用打蛋器进行搅拌，直到黄油变得比较柔软。

2 加入细砂糖后，用打蛋器继续搅拌，直到与黄油完全混合在一起。

3 一个一个地打入鸡蛋，每打入一个即用打蛋器进行搅拌。

4 加入准备好的巧克力，用硅胶刮刀仔细搅拌。

5 加入事先混合好的面粉，用硅胶刮刀进行搅拌。

6 搅拌到只有少许粉末时，加入柚子果酱，用硅胶刮刀继续搅拌。

7 将面团放入准备好的模具中，面团中间部分低平并且在中间纵向划一道 1cm 深的缝。

8 将装饰用花椒捏碎撒在蛋糕表面。

9 将模具放入 160℃的烤箱中，烘焙 25 分钟后取出。将烤箱的温度调到 140℃，并在蛋糕表面覆盖铝箔继续烘焙 45 分钟。关闭电源，让蛋糕在烤箱中自然冷却。

花椒是制作中餐麻婆豆腐时经常用到的一种山椒，尝上去有一种刺痛的麻麻的感觉，还有一丝微辣。加入巧克力和柚子之后好似驯服了这种味道，比较怕辣的朋友可以减少花椒的用量。奶油也会使巧克力的苦味更加突出。

巧克力香蕉磅蛋糕

在参加蛋糕推广活动时,我经常见到带着孩子一同参加活动的妈妈们。虽然只是巧克力和香蕉这么简单的组合,但是孩子吃起来总是乐滋滋的。如果在蛋糕上淋些鲜奶油就更加好吃了。

这款蛋糕和现磨咖啡非常配。一边听喜欢的音乐，一边享受黑咖啡的柔和苦味和蛋糕的香甜吧。

材料 24.5cm 山形模具 1 个份

无盐黄油	150g
鸡蛋	3 个
细砂糖	100g
低筋面粉	200g
泡打粉	1 小勺
巧克力（苦味）	125g
香蕉（面团用）	150g
香蕉（装饰用）	50g

准备

* 将黄油和鸡蛋放置在室温环境下。
* 在盆中放入低筋面粉和泡打粉，使用打蛋器混合。
* 将巧克力在微波炉中（500W）加热 4 分钟使其变软。
* 把香蕉切成 3mm 厚的片。
* 将电烤箱预热到 160℃。
* 在山形模具中放入烘焙用纸。

制作方法

1 在大盆中放入事先准备好的黄油，用打蛋器进行搅拌，直到黄油变得比较柔软。

2 加入细砂糖后，用打蛋器继续搅拌，直到与黄油完全混合在一起。

3 一个一个地打入鸡蛋，每打入一个即用打蛋器进行搅拌。

4 加入准备好的巧克力，用硅胶刮刀进行搅拌。

5 加入事先混合好的面粉，用硅胶刮刀进行搅拌。

6 搅拌到只有少许粉末时，加入面团用香蕉，用硅胶刮刀继续搅拌。

7 将面团放入准备好的模具中，面团中间部分低平并且在中间纵向划一道 1cm 深的缝。

8 将装饰用香蕉摆在蛋糕表面。

9 将模具放入 160℃的烤箱中，烘焙 25 分钟后取出。将烤箱的温度调到 140℃，并在蛋糕表面覆盖铝箔继续烘焙 45 分钟。关闭电源，让蛋糕在烤箱中自然冷却。

将焦烤香蕉和面团混合后烤制。在品尝的时候，可以再装饰2片焦烤香蕉，淋上鲜奶油，然后撒上坚果。

焦烤香蕉和坚果磅蛋糕

焦糖味的甜点非常好吃，加入香蕉之后味道更加丰富，令人回味。这款蛋糕我们还可以叫它"焦糖香蕉"，但是取名为"焦烤香蕉"更加引人注意，让人联想起焦烤的独特香味。蛋糕表面撒满脆脆的坚果，蛋糕本身又具有香蕉的味道。

制作材料 24.5cm 山形模具1个份

无盐黄油……………………………………………150g
鸡蛋………………………………………………… 3 个
细砂糖……………………………………………130g
低筋面粉……………………………………………200g
泡打粉……………………………………………… 1 小勺
焦烤香蕉（P52）……………… 200g（包括焦糖）
各类坚果（杏仁、腰果、开心果混合）………… 30g

准备

* 将黄油和鸡蛋放置在室温环境下。
* 在盆中放入低筋面粉和泡打粉，用打蛋器混合。
* 将坚果切大块。
* 将电烤箱预热到160℃。
* 在山形模具中放入烘焙用纸。

制作方法

1 在大盆中放入事先准备好的黄油，用打蛋器进行搅拌，直到黄油变得比较柔软。

2 加入细砂糖后，用打蛋器继续搅拌，直到与黄油完全混合在一起。

3 一个一个地打入鸡蛋，每打入一个即用打蛋器进行搅拌。

4 加入事先混合好的面粉，用硅胶刮刀进行搅拌。

5 搅拌到只有少许粉末时，加入焦烤香蕉，用硅胶刮刀继续搅拌。

6 将面团放入准备好的模具中，面团中间部分低平并且在中间纵向划一道1cm深的缝。

7 将切好的坚果撒在蛋糕表面。

8 将模具放入160℃的烤箱中，烘焙25分钟后取出。将烤箱的温度调到140℃，并在蛋糕表面覆盖铝箔继续烘焙45分钟。关闭电源，让蛋糕在烤箱中自然冷却。

焦烤香蕉

直接使用焦糖来制作，不管是否烤焦，味道都不会达到完美。用白开水来代替沸水不能达到预想中的效果。所以经过一次次失败和烫伤的洗练，甜甜的香蕉和略带苦味的焦糖才能完美结合。

制作材料　方便制作的用量

香蕉… 净重200g（约两根）
细砂糖………………100g
水………………… 25mL
沸水………………… 60mL

制作方法

1　将香蕉果肉上的筋去除干净，切成3mm厚的圆片。

2　在锅中加入细砂糖和水，用中火加热。当细砂糖开始溶解并且上色的时候，用木铲搅拌使整体上色。

3　当糖浆全部变成焦褐色的时候关火，然后用木铲配合将沸水倒入锅中（注意避免被沸水烫伤），搅拌混合均匀。

4　再次开火，将步骤1中的香蕉放入锅中，然后迅速混匀后倒入容器中。

52

焦烤香蕉冰淇淋

甜中带苦，又有奶香，这是一款冰凉清爽、口感平衡的甜点。格兰诺拉燕麦中有很多粗粮、坚果以及干果，可以根据喜好任意品尝。

材料　1人份

焦烤香蕉（P52）……… 满满2大勺
香草冰淇淋…………… 满满2大勺
格兰诺拉燕麦（根据喜好）… 2大勺
鲜奶油………………… 1大勺

冰淇淋表面融化之后，可以用勺子连同格兰诺拉燕麦和焦烤香蕉一同舀起品尝。

根据喜好在杯中加入一半的格兰诺拉燕麦和焦烤香蕉，然后放上香草冰淇淋和鲜奶油，最后将剩下的格兰诺拉燕麦和焦烤香蕉放在上部做装饰。

细竹条手工制作的小马。很多朋友和客人赠送了我许多手工艺品，我将它们都摆放在了店里面。

我的店铺旁就是非常著名的樱花大
道，落英缤纷的世界里，整条马路都
被染成粉色，好似从天空中飘落下来
的雪花一般。

樱花酒糟磅蛋糕

用盐腌制的樱花有一种好似香料一般的独特气味。活用发酵酒糟的甘甜制作出一款酸甜口味的蛋糕。使用鲜奶油和不添加盐的樱花作为点缀，撒上芥子后再搭配一朵樱花。

樱花酒糟
磅蛋糕

制作材料　24.5cm 山形模具 1 个份

无盐黄油·······	150g
鸡蛋·······	3 个
细砂糖·······	130g
低筋面粉·······	220g
泡打粉·······	1 小勺
腌制樱花·······	40g
酒糟（新鲜）·······	60g

准备

* 将黄油和鸡蛋放置在室温环境下。

* 在盆中放入低筋面粉和泡打粉，用
　打蛋器混合。

* 将樱花放入盐水中浸泡 10 分钟后
　洗净，沥干水，最后切成大块。

* 将电烤箱预热到 160℃。

* 在山形模具中放入烘焙用纸。

制作方法

1　在大盆中放入事先准备好的黄油，用打蛋器进行搅拌，直到黄油
　　变得比较柔软。

2　加入细砂糖后，用打蛋器继续搅拌，直到与黄油完全混合在一起。

3　加入酒糟继续搅拌。

4　一个一个地打入鸡蛋，每打入一个即用打蛋器进行搅拌。

5　加入事先混合好的面粉，用硅胶刮刀进行搅拌。

6　搅拌到只有少许粉末时，加入准备好的樱花，用硅胶刮刀继续搅
　　拌。

7　将面团放入准备好的模具中，面团中间部分低平并且在中间纵向
　　划一道 1cm 深的缝。

8　将模具放入 160℃ 的烤箱中，烘焙 25 分钟后取出。将烤箱的温度
　　调到 140℃，并在蛋糕表面覆盖铝箔继续烘焙 45 分钟。关闭电源，
　　让蛋糕在烤箱中自然冷却。

腌制樱花的时候我一般选择八重樱，
它的香味比染井吉野樱花更加浓郁，
让我沉醉其中。

我非常喜欢酒糟闻上去的味道（图中为新鲜酒糟）。回想起来，我似乎是在孩童时代就非常喜欢酒糟，常常将其烤过之后当成小零食来吃。现在我也非常喜欢甜酒。

这是一款散发着浓浓复古气息的蛋糕，红绿色的蛋糕专用樱桃闪闪发光，好似宝石一般。在蛋糕里面包裹着用朗姆酒浸泡过的水果干，使得蛋糕整体酒香四溢。

水果干朗姆酒磅蛋糕

朗姆酒渍水果干

制作材料　方便制作的用量

葡萄干·····················100g
干无花果·····················100g
干杨梅脯（去核）········100g
朗姆酒（黑）···············适量

1　将干无花果切成1cm的小块，干杨梅脯切成两半。

2　将全部的水果干放入到容器中，加入朗姆酒。

3　盖上盖子，在阴凉之处放置1周。

看着如同宝石一样的红樱桃，
想象着它烘烤之后的样子，将
其随意装饰在蛋糕表面。

材料　24.5cm 山形模具 1 个份

无盐黄油	150g
鸡蛋	3 个
细砂糖	100g
低筋面粉	200g
泡打粉	1 小勺
朗姆酒渍水果干（P58）	200g
樱桃（红色、绿色）	共 50g
朗姆酒（黑）	1 大勺

杏仁糖浆
┌ 杏仁果酱（市场上购买）… 2 大勺
└ 朗姆酒（黑） 2 大勺

准备

＊ 将黄油和鸡蛋放置在室温环境下。
＊ 在盆中放入低筋面粉和泡打粉，用打
　蛋器混合。
＊ 将樱桃切成两半。
＊ 将电烤箱预热到 160℃。
＊ 在山形模具中放入烘焙用纸。

制作方法

1　在大盆中放入事先准备好的黄油，用打蛋器进行搅拌，直到黄油变得比较柔软。

2　加入细砂糖后，用打蛋器继续搅拌，直到与黄油完全混合在一起。

3　一个一个地打入鸡蛋，每打入一个即用打蛋器进行搅拌。

4　加入事先混合好的面粉，用硅胶刮刀进行搅拌。

5　搅拌到只有少许粉末时，加入朗姆酒渍水果干、一半的樱桃以及朗姆酒，用硅胶刮刀继续搅拌。

6　将面团放入准备好的模具中，面团中间部分低平并且在中间纵向划一道 1cm 深的缝。

7　将剩余的樱桃切口朝下轻轻按压在面团上。

8　将模具放入 160℃ 的烤箱中，烘焙 25 分钟后取出。将烤箱的温度调到 140℃，并在蛋糕表面覆盖铝箔加热 45 分钟。关闭电源，让蛋糕在烤箱中自然冷却，然后从模具中取出。

9　将杏仁糖浆的材料放在小锅内，开中火加热，让其中的酒精成分挥发之后，涂抹在蛋糕表面。

坚果巧克力咖啡磅蛋糕

巧克力和咖啡两种略带苦涩的味道融合在一起，是一款适合男人品尝的蛋糕。将坚果切成大块，均匀地撒在蛋糕上，烘烤过后坚果的香气四溢，这也是这款蛋糕最为吸引人的地方。

制作材料 24.5cm 山形模具1个份

无盐黄油···································· 150g
鸡蛋······································· 3 个
细砂糖····································· 100g
低筋面粉··································· 200g
泡打粉····································· 1 小勺
各类坚果（杏仁、腰果、开心果混合）··· 30g
巧克力（苦味）····························· 125g
速溶咖啡粉································· 1 大勺

准备

* 将黄油和鸡蛋放置在室温环境下。
* 在盆中放入低筋面粉、泡打粉和速溶咖啡粉，用打蛋器混合。
* 将坚果切大块。
* 将巧克力在微波炉（500W）中加热4分钟使其变柔软。
* 将电烤箱预热到160℃。
* 在山形模具中放入烘焙用纸。

制作方法

1 在大盆中放入事先准备好的黄油，用打蛋器进行搅拌，直到黄油变得比较柔软。

2 加入细砂糖后，用打蛋器继续搅拌，直到与黄油完全混合在一起。

3 一个一个地打入鸡蛋，每打入一个即用打蛋器进行搅拌。

4 加入事先准备好的巧克力，用硅胶刮刀进行搅拌。

5 加入事先混合好的面粉，用硅胶刮刀进行搅拌。

6 将面团放入准备好的模具中，面团中间部分低平并且在中间纵向划一道1cm深的缝。

7 将切好的坚果撒在蛋糕表面。

8 将模具放入160℃的烤箱中，烘焙25分钟后取出。将烤箱的温度调到140℃，并在蛋糕表面覆盖铝箔继续烘焙45分钟。关闭电源，让蛋糕在烤箱中自然冷却。

速溶咖啡粉很容易给蛋糕带来苦涩的味道，同时也让蛋糕变成茶色。

南瓜焦糖
磅蛋糕

这款蛋糕用焦糖煮过的南瓜来制作，是一款适合万圣节的蛋糕。蛋糕本身的土黄色中夹杂着南瓜皮边缘那一丝绿色，不经意间形成了奇妙的组合。在烘焙的过程中随着焦糖的溶解，蛋糕的颜色更加浓郁。

材料　24.5cm 山形模具1个份

无盐黄油·······························150g
鸡蛋·································　3个
细砂糖·······························130g
低筋面粉·······························200g
泡打粉·······························　1小勺
焦糖南瓜（P64）···　200g（包含焦糖）
南瓜子（市场购买）···············　2大勺

准备

＊ 将黄油和鸡蛋放置在室温环境下。
＊ 在盆中放入低筋面粉和泡打粉，用打蛋器混合。
＊ 将电烤箱预热到160℃。
＊ 在山形模具中放入烘焙用纸。

制作方法

1　在大盆中放入事先准备好的黄油，用打蛋器进行搅拌，直
　 到黄油变得比较柔软。

2　加入细砂糖后，用打蛋器继续搅拌，直到与黄油完全混合
　 在一起。

3　一个一个地打入鸡蛋，每打入一个即用打蛋器进行搅拌。

4　加入事先混合好的面粉，用硅胶刮刀进行搅拌。

5　搅拌到只有少许粉末时，加入焦糖南瓜，用硅胶刮刀继续
　 搅拌。

6　将面团放入准备好的模具中，面团中间部分低平并且在中
　 间纵向划一道1cm深的缝。

7　在蛋糕表面撒上南瓜子。

8　将模具放入160℃的烤箱中，烘焙25分钟后取出。将烤
　 箱的温度调到140℃，并在蛋糕表面覆盖铝箔继续烘焙
　 45分钟。关闭电源，让蛋糕在烤箱中自然冷却。

焦糖南瓜略带苦涩的甜
味是这款蛋糕的魅力，
切成小块后非常适合作
为小点心食用。

焦糖南瓜

在蔬菜中，最适合制作蛋糕的材料就是南瓜了。在日本，人们用酱油来煮南瓜，受此启发我就尝试着用焦糖来煮制，我总是觉得焦糖和酱油在某些地方是相似的。

材料　方便制作的用量

南瓜（去除皮和籽）…………… 200g
细砂糖……………………………50g
水…………………………………1大勺
沸水………………………………2大勺

制作方法

1　将南瓜切成1cm的小块，放入耐热容器中，表面覆盖上保鲜膜，在微波炉（500W）中加热5分钟。

2　在锅中加入细砂糖和水，用中火加热。当细砂糖开始溶解并且上色的时候，用木铲搅拌使整体上色。

3　当糖浆全部变成焦褐色的时候关火，然后用木铲配合将沸水倒入锅中（注意避免被沸水烫伤），搅拌混合均匀。

4　再次开火，将步骤1中的南瓜放入锅中，然后迅速混匀后倒入容器中。

材料 2～3人份

焦糖南瓜（P64）······················70g
枫糖浆·················· 根据喜好适量
喜欢的面包（切片）········· 3~4片

制作方法

1 用叉子将焦糖南瓜轻轻弄碎。

2 将喜欢的面包切片。

3 在步骤2的吐司片上涂抹弄碎的焦糖南瓜，最后滴上枫糖浆。

焦糖南瓜
枫糖浆吐司

使用焦糖制作的南瓜在黏黏的时候品尝最好吃。就像用红豆煮制的红豆糕一样，焦糖南瓜非常适合与面包一起享用，尤其是法式长棍面包。将喜爱的面包切成吐司片，厚厚地涂抹一层焦糖南瓜，真是美味无比。

蓝莓无花果
白巧克力磅蛋糕

深蓝色的蓝莓煮制成果酱之后颜色变为红紫色，混合到面团中会增加一抹灰色，看上去非常的帅气。这种颜色的变化让人始料未及，甚至会使你迷恋上每次切开时的惊艳感觉。

材料　24.5cm 山形模具1个份

无盐黄油	150g
鸡蛋	3个
细砂糖	70g
低筋面粉	200g
泡打粉	1小勺
蓝莓果酱（P67）	100g
无花果	30g
白巧克力	135g

准备

＊将黄油和鸡蛋放置在室温环境下。
＊在盆中加入低筋面粉和泡打粉，用打蛋器混合。
＊将无花果切成大块。
＊将白巧克力在微波炉中（500W）加热4分钟使其变软。
＊将电烤箱预热到160℃。
＊在山形模具中放入烘焙用纸。

制作方法

1 在大盆中放入事先准备好的黄油，用打蛋器进行搅拌，直到黄油变得比较柔软。

2 加入细砂糖后，用打蛋器继续搅拌，直到与黄油完全混合在一起。

3 一个一个地打入鸡蛋，每打入一个即用打蛋器进行搅拌。

4 加入准备好的白巧克力，用硅胶刮刀进行搅拌。

5 加入事先混合好的面粉，用硅胶刮刀进行搅拌。

6 搅拌到只有少许粉末时，加入蓝莓果酱和无花果，用硅胶刮刀继续搅拌。

7 将面团放入准备好的模具中，面团中间部分低平并且在中间纵向划一道1cm深的缝。

8 将模具放入160℃的烤箱中，烘焙25分钟后取出。将烤箱的温度调到140℃，并在蛋糕表面覆盖铝箔继续烘焙45分钟。关闭电源，让蛋糕在烤箱中自然冷却。

蓝莓果酱

材料 方便制作的用量

蓝莓…………… 250g
细砂糖………… 125g
柠檬果汁………… 10g

在距离店铺步行15分钟远的地方，有田地和果树园。在梅雨季节来临之前，可以买到很多新鲜的蓝莓。

制作方法

1 将蓝莓洗净并且凉干，去除蓝莓蒂。

2 将一半的蓝莓放入锅中开中火，用木铲将蓝莓轻轻压碎后煮制。

3 当果汁煮好并且开始冒泡之后转为小火，一边搅拌一边煮10分钟。

4 加入细砂糖后继续搅拌加热2分钟，加入柠檬果汁搅拌加热3分钟。

山芋奶油奶酪
肉桂磅蛋糕

香甜浓郁的山芋同奶油奶酪交织融合，随后又混合了肉桂的芳香，
黄色和白色的对比让人非常开心。我带着这款蛋糕参加活动时，每
次都特别受到少女们的喜爱。

制作方法

1 在大盆中放入事先准备好的黄油，用打蛋器进行搅拌，直到黄油变得比较柔软。

2 加入细砂糖后，用打蛋器继续搅拌，直到与黄油完全混合在一起。

3 一个一个地打入鸡蛋，每打入一个即用打蛋器进行搅拌。

4 加入事先混合好的面粉，用硅胶刮刀进行搅拌。

5 搅拌到只有少许粉末时，加入准备好的糖煮山芋和45g的奶油奶酪，用硅胶刮刀继续搅拌。

6 将面团放入准备好的模具中，面团中间部分低平并且在中间纵向划一道1cm深的缝。

7 将剩余的奶油奶酪轻轻按压在面团上。

8 将模具放入160℃的烤箱中，烘焙25分钟后取出。将烤箱的温度调到140℃，并在蛋糕表面覆盖铝箔继续烘焙45分钟。关闭电源，让蛋糕在烤箱中自然冷却。

材料 24.5cm 山形模具 1 个份

无盐黄油·················150g
鸡蛋·······················3 个
细砂糖····················130g
低筋面粉·················190g
泡打粉················1 小勺
肉桂粉·····················10g
糖煮山芋（参见下方）····150g
奶油奶酪···················65g

准备

* 将黄油和鸡蛋放置在室温环境下。
* 在盆中放入低筋面粉、泡打粉和肉桂粉，用打蛋器混合。
* 将奶油奶酪切成 1.5cm 大小的块。
* 将电烤箱预热到 160℃。
* 在山形模具中放入烘焙用纸。

糖煮山芋

制作糖煮山芋时，无需焯水直接在微波炉中加热，就可以完成制作。

材料 方便制作的用量

山芋·············300g
细砂糖··········100g
水················50mL

制作方法

1 将山芋切成1cm的小块用水泡去掉味道，过筛沥干水分后放入耐热容器中，用保鲜膜包好，放在微波炉（500W）中加热8分钟。

2 在锅中加入细砂糖和水，然后开中火加热。当细砂糖完全溶解冒泡时，加入步骤1中的山芋，快速搅匀出锅。

苹果粉红胡椒
巧克力磅蛋糕

在微苦的巧克力中加入苹果的酸甜口味，星星点点的红色是粉红胡椒带来的。粉红胡椒没有一般胡椒那么辣，但是也可以感受到轻微麻麻的感觉。

材料 24.5cm 山形模具1个份

无盐黄油……………………… 150g
鸡蛋…………………………… 3个
细砂糖………………………… 100g
低筋面粉……………………… 200g
泡打粉………………………… 1小勺
苹果果酱（P28）……………… 150g
粉红胡椒（面团用）………… 1大勺
粉红胡椒（装饰用）………… 1大勺
巧克力（苦味）……………… 125g

准备

＊ 将黄油和鸡蛋放置在室温环境下。
＊ 在盆中放入低筋面粉和泡打粉、用手捏碎粉红胡椒一同加入盆中，用打蛋器混合。
＊ 将巧克力在微波炉中（500W）加热4分钟使其变软。
＊ 将电烤箱预热到160℃。
＊ 在山形模具中放入烘焙用纸。

随着烘焙时间的延长，红色苹果果酱的颜色逐渐褪去，但是粉红胡椒的颜色不会变化。在这款蛋糕中加入巧克力酱味道会更好。

制作方法

1 在大盆中放入事先准备好的黄油，用打蛋器进行搅拌，直到黄油变得比较柔软。

2 加入细砂糖后，用打蛋器继续搅拌，直到与黄油完全混合在一起。

3 一个一个地打入鸡蛋，每打入一个即用打蛋器进行搅拌。

4 加入准备好的巧克力，用硅胶刮刀进行搅拌。

5 加入事先混合好的面粉，用硅胶刮刀进行搅拌。

6 搅拌到只有少许粉末时，加入苹果果酱，用硅胶刮刀继续搅拌。

7 将面团放入准备好的模具中，面团中间部分低平并且在中间纵向划一道1cm深的缝。

8 将装饰用粉红胡椒撒在蛋糕表面。

9 将模具放入160℃的烤箱中，烘焙25分钟后取出。将烤箱的温度调到140℃，并在蛋糕表面覆盖铝箔继续烘焙45分钟。关闭电源，让蛋糕在烤箱中自然冷却。

For the Christmas holidays
圣诞快乐

每年从12月中旬开始，沿街的树上就会被挂上各种流光溢彩的灯饰，人们在街上走来走去热闹非凡。这时候我也会在自己的店里装饰好圣诞树，制作好美味的蛋糕，静候着圣诞夜的来临。

新店开张时朋友送来的圣诞树，时髦的风格给安宁的店铺带来一丝奢华。

制作圣诞蛋糕的时候，请您大胆地尝试使用朗姆酒，同时也不要忘记装饰红色和绿色的小樱桃，闪闪发光的样子就像装饰好的圣诞树一样美丽。

使用香料、茶、水果干、坚果制作蛋糕

只要将香料、茶叶混入面团中，轻轻松松都能烘焙出美味无比的蛋糕。杏仁、无花果干、梅子干、生姜以及芝麻、核桃仁等，请插上想象的翅膀尽情地自由组合，制作出属于您自己的那份美味吧。

苹果酱香料
磅蛋糕

我将肉桂、辣椒粉、粉红胡椒、花椒这4种香料大胆的组合，如同绘画颜料那样进行搭配，然后加入满满的苹果果酱，做成口感极佳的酸甜口味蛋糕。

苹果酱香料磅蛋糕

粉红花椒

花椒

肉桂粉

辣椒粉

材料 24.5cm 山形模具1个份

无盐黄油······	150g
鸡蛋······	3个
细砂糖······	130g
低筋面粉······	200g
泡打粉······	1小勺
苹果果酱（P28）······	200g
粉红胡椒······	1小勺
花椒······	1/2小勺
辣椒粉······	1/2小勺
肉桂粉······	1/2小勺

准备

＊ 将黄油和鸡蛋放置在室温环境下。
＊ 将粉红花椒和花椒用手指捏碎。
＊ 在盆中放入低筋面粉、泡打粉和捏碎的粉红花椒和花椒
　 以及辣椒粉，用打蛋器混合。
＊ 将电烤箱预热到160℃。
＊ 在山形模具中放入烘焙用纸。

制作方法

1　在大盆中放入事先准备好的黄油，用打蛋器进行搅拌，直到黄油
　　变得比较柔软。

2　加入细砂糖后，用打蛋器继续搅拌，直到与黄油完全混合在一起。

3　一个一个地打入鸡蛋，每打入一个即用打蛋器进行搅拌。

4　加入事先混合好的面粉，用硅胶刮刀进行搅拌。

5　搅拌到只有少许粉末时，加入苹果果酱，用硅胶刮刀继续搅拌。

6　将面团放入准备好的模具中，面团中间部分低平并且在中间纵向
　　划一道1cm深的缝。

7　将模具放入160℃的烤箱中，烘焙25分钟后取出。将烤箱的温
　　度调到140℃，并在蛋糕表面覆盖铝箔继续烘焙45分钟。关闭
　　电源，让蛋糕在烤箱中自然冷却。

材料 方便制作的用量

苹果·······················1/2 个
橘子·························· 2 个
红葡萄酒·················· 720mL
丁香·························· 3 个
生姜·························· 1 勺
朗姆酒（黑色）·············· 1 小勺
细砂糖·······················30g
肉桂·························· 适量

1 将苹果纵向切成两半，然后再切成薄片。橘子剥皮后去除橘络，切成圆形薄片，生姜切成薄片。

2 在容器中加入肉桂以外的全部材料，轻轻搅拌，盖上盖子在阴凉处放置1周时间。

3 加热后放入杯子中，一边用肉桂棒搅拌一边饮用。

苹果橘子热葡萄酒

蛋糕的味道会随着不同饮料的味道产生变化，腌制过水果和香料的热葡萄酒使蛋糕的味道更加突出。在蛋糕上放上奶油和苹果酱，一款具有4种香料味道的蛋糕就准备好了。

姜丝茉莉花茶磅蛋糕

将芬芳的茉莉花茶和生姜制成的姜丝混合做成蛋糕，口感很清爽，吃完后总能给身体一丝暖热之感。

材料　24.5cm 山形模具 1 个份

无盐黄油……………… 150g
鸡蛋…………………… 3 个
细砂糖………………… 130g
低筋面粉……………… 220g
泡打粉………………… 1 小勺
姜丝（P80）………… 100g
茉莉花茶（茶叶）……… 5g

准备

＊将黄油和鸡蛋放置在室温环境下。
＊在盆中放入低筋面粉和泡打粉，用打蛋器混合。
＊将茉莉花茶用工具捣碎。
＊将电烤箱预热到160℃。
＊在山形模具中放入烘焙用纸。

制作方法

1 在大盆中放入事先准备好的黄油，用打蛋器进行搅拌，直到黄油变得比较柔软。

2 加入细砂糖后，用打蛋器继续搅拌，直到与黄油完全混合在一起。

3 一个一个地打入鸡蛋，每打入一个即用打蛋器进行搅拌。

4 加入事先混合好的面粉，用硅胶刮刀进行搅拌。

5 搅拌到只有少许粉末时，加入姜丝和茉莉花茶，使用硅胶刮刀继续搅拌。

6 将面团放入准备好的模具中，面团中间部分低平并且在中间纵向划一道1cm深的缝。

7 将模具放入160℃的烤箱中，烘焙25分钟后取出。将烤箱的温度调到140℃，并在蛋糕表面覆盖铝箔继续烘焙45分钟。关闭电源，让蛋糕在烤箱中自然冷却。

用鲜茉莉花窨制而成的茉莉花茶带着浓郁的芬芳。提取姜汁之后的姜丝辛辣味减轻很多。将二者直接加入面团进行烘焙，产生非常独特的味道。

79

姜丝和姜丝糖浆

我非常喜欢喝姜汁汽水，因此也想将姜丝运用到制作蛋糕当中，尝试过几种不同的搭配，却总是不能做出中意的味道。但是当我跳出常规思维之后，却意外地得到了自己想要的味道。"自由不拘束"——这是我经常对自己说的话。

材料	方便制作的用量
生姜	200g
蔗糖	200g
花椒	6粒
豆蔻籽（从豆荚中剥出）	2个份
粉红花椒	8粒
肉桂	2g
水	200mL
柠檬汁	40mL

1

将生姜切成2mm宽的细丝。

2

把除了果汁以外的全部材料放入锅中，然后开中火加热。

3

将蔗糖放入锅中溶解，用木铲进行搅拌，当锅边开始冒泡时转为小火，收汁到原来的2/3左右的量即完成。

4

使用小号筛子过筛，将步骤3的材料倒入筛子中放凉。

5

过筛分离姜丝和姜汁糖浆。

6

将姜丝中的肉桂挑去，然后用手捧起姜丝，用力捏紧挤干。在姜汁糖浆中倒入柠檬汁。

手工姜汁汽水

在炎热的夏天，一杯甜中带辣的姜汁汽水能立刻让人神清气爽。我虽然不太能接受辣味，但是也不知道为什么，总是被这辣味所吸引。

材料 1杯份

姜汁糖浆（P80）…………………50mL
柠檬片………………………………1片
碳酸水………………………………150mL
冰块…………………………………适量

制作方法

1　在杯子中加入姜汁糖浆，然后倒入碳酸水。

2　放入柠檬片和冰块，搅拌混合均匀。

热姜汁

在寒冷的天气或者感冒的时候，用厚厚的被子包裹住身体，捧一杯热姜汁，缓缓地喝一口，全身都温暖了。

材料 1杯份

姜汁糖浆（P80）…………………50mL
热水…………………………………175mL
柠檬片………………………………1片

制作方法

1　在杯子中加入姜汁糖浆，倒入热水搅拌混合均匀。

2　放入柠檬片。

姜丝梅子酱
磅蛋糕

生姜味道辛辣又香味浓郁，加入酸味较强的梅子，是一款适合成年人个性口味的蛋糕。在烘焙的时候，果酱的水分就会被充分烘烤出来。

材料 24.5cm 山形模具1个份

无盐黄油···························· 150g
鸡蛋····························· 3个
细砂糖···························· 100g
低筋面粉···························· 200g
泡打粉····························· 1小勺
姜丝（P80）····················· 80g
梅子果酱（P32）················· 100g

准备

＊ 将黄油和鸡蛋放置在室温环境下。
＊ 在盆中放入低筋面粉和泡打粉，用打蛋器混合。
＊ 将电烤箱预热到160℃。
＊ 在山形模具中放入烘焙用纸。

制作方法

1 在大盆中放入事先准备好的黄油，用打蛋器进行搅拌，直到黄油变得比较柔软。

2 加入细砂糖后，用打蛋器继续搅拌，直到与黄油完全混合在一起。

3 一个一个地打入鸡蛋，每打入一个即用打蛋器进行搅拌。

4 加入事先混合好的面粉，用硅胶刮刀进行搅拌。

5 搅拌到只有少许粉末时，加入姜丝和梅子果酱，用硅胶刮刀继续搅拌。

6 将面团放入准备好的模具中，面团中间部分低平并且在中间纵向划一道1cm深的缝。

7 将模具放入160℃的烤箱中，烘焙25分钟后取出。将烤箱的温度调到140℃，并在蛋糕表面覆盖铝箔继续烘焙45分钟。关闭电源，让蛋糕在烤箱中自然冷却。

磅蛋糕没有鲜蛋糕那样华丽，在茶话会的时候最适合搭配插花，房间中装饰着这些美丽的花朵，从窗外透进来的日光将房间映衬得更加美丽。

柿子干核桃味噌磅蛋糕

面团本身带有白味噌的风味，中间还有半熟的柿子干。如果没有柿子干，也可以使用新鲜的柿子，使用前将水分烘烤掉即可。我非常希望柿子的颜色能够保留在蛋糕上，但是随着时间的推移，蛋糕的颜色渐渐变成了茶色。

材料 24.5cm 山形模具1个份

无盐黄油…………… 150g
鸡蛋………………… 3 个
细砂糖……………… 130g
低筋面粉…………… 200g
泡打粉…………… 1 小勺
柿子干……………… 150g
核桃仁……………… 35g
白味噌……………… 65g

准备

＊ 将黄油和鸡蛋放置在室温环境下。
＊ 在盆中放入低筋面粉和泡打粉，用打蛋器混合。
＊ 将柿子干去核，然后切成5mm大小的块。
＊ 将核桃仁切块。
＊ 将电烤箱预热到160℃。
＊ 在山形模具中放入烘焙用纸。

制作方法

1 在大盆中放入事先准备好的黄油，用打蛋器进行搅拌，直到黄油变得比较柔软。

2 加入细砂糖后，用打蛋器继续搅拌，直到与黄油完全混合在一起。

3 加入白味噌使用打蛋器仔细搅拌。

4 一个一个地打入鸡蛋，每打入一个即用打蛋器进行搅拌。

5 加入事先混合好的面粉，用硅胶刮刀进行搅拌。

6 搅拌到只有少许粉末时，加入柿子干和核桃仁，用硅胶刮刀继续搅拌。

7 将面团放入准备好的模具中，面团中间部分低平并且在中间纵向划一道1cm深的缝。

8 将模具放入160℃的烤箱中，烘焙25分钟后取出。将烤箱的温度调到140℃，并在蛋糕表面覆盖铝箔继续烘焙45分钟。关闭电源，让蛋糕在烤箱中自然冷却。

味道浓厚的柿子与味噌混合制作的一款蛋糕。
柿子干的甜味非常突出，即使水分含量不高，
也会使蛋糕的色泽提升。

杏干小梅子味噌磅蛋糕

杏和梅子在植物界是亲属关系，香味也非常相近。小梅子味噌是用味噌和砂糖浸泡青梅制作而成的，是一款梅子风味的甘甜味噌酱。我相信只要有这个酱料，制作出的味噌蛋糕味道一定不会差。

材料 24.5cm 山形模具 1 个份

无盐黄油·····················150g
鸡蛋·························3 个
细砂糖·······················130g
低筋面粉·····················200g
泡打粉·······················1 小勺
杏干·························75g
小梅子味噌（下方）···········100g

准备

* 将黄油和鸡蛋放置在室温环境下。
* 在盆中放入低筋面粉和泡打粉，用打
  蛋器混合。
* 将杏干切成 1cm 大小的块。
* 将电烤箱预热到 160℃。
* 在山形模具中放入烘焙用纸。

制作方法

1 在大盆中放入事先准备好的黄油，用打蛋器进行搅拌，直到黄油
  变得比较柔软。

2 加入细砂糖后，用打蛋器继续搅拌，直到与黄油完全混合在一起。

3 一个一个地打入鸡蛋，每打入一个即用打蛋器进行搅拌。

4 加入事先混合好的面粉，用硅胶刮刀进行搅拌。

5 搅拌到只有少许粉末时，加入杏干和小梅子味噌，使用硅胶刮刀
  继续搅拌。

6 将面团放入准备好的模具中，面团中间部分低平并且在中间纵向
  划一道 1cm 深的缝。

7 将模具放入 160℃的烤箱中，烘焙 25 分钟后取出。将烤箱的温度
  调到 140℃，并在蛋糕表面覆盖铝箔继续烘焙 45 分钟。关闭电源，
  让蛋糕在烤箱中自然冷却。

小梅子味噌

将梅子、味噌和砂糖放入罐中腌制两
个星期，待梅子的精华完全融合。制
好的小梅子味噌用于拌青菜或者冷乌
冬面都非常好吃，需要冷藏保存。

材料 方便制作的用量

小梅子（青梅）·········600g
味噌·····················600g
三温糖···················360g
米醋·····················2 大勺
甜料酒···················2 大勺

准备

* 将小梅子洗干净风干。
* 使用竹扦串起来。

在煮沸并且消毒之后的瓶子中
加入 1/3 量的小梅子，然后加
入 1/3 量的味噌和 1/3 量的三温
糖，按照这样的顺序重复两次。

将米醋和甜料酒进行混合，倒
在瓶子中，盖上盖子后存放在
阴凉角落处。每隔 2～3 天搅
拌 1 次，腌制 2 周左右。

将筛子放在盆上，把步骤 2 中
的材料倒入筛子中，分离出小
梅子。留在小盆中的就是小梅
子味噌了。

番茶核桃
肉桂磅蛋糕

我非常喜欢番茶中略带苦涩的味道。使用擂钵细致地将茶叶捣碎过筛，然后加入面团中烘焙，制作完成的蛋糕还保持着番茶的颜色。在蛋糕表面淋上鲜奶油、放上番茶核桃肉桂就可以享用了。

擂钵是我非常喜欢的一种制作工具，它看上去非常神奇，在研磨的过程中嘎吱嘎吱的声音和手感，也给人一种很强烈的满足感。

材料　24.5cm 山形模具1个份

无盐黄油···························· 150g
鸡蛋······························ 3个
细砂糖···························· 130g
低筋面粉·························· 215g
泡打粉···························· 1小勺
番茶（茶叶）······················ 8g
核桃仁····························60g
肉桂粉····························15g

准备

＊ 将黄油和鸡蛋放置在室温环境下。
＊ 在盆中放入低筋面粉、泡打粉和肉桂粉，
　用打蛋器混合。
＊ 使用擂钵将番茶研磨成碎末，然后过筛。
＊ 将核桃仁切成小块。
＊ 将电烤箱预热到160℃。
＊ 在山形模具中放入烘焙用纸。

制作方法

1　在大盆中放入事先准备好的黄油，用打蛋器进行搅拌，直到黄油变得比较柔软。

2　加入细砂糖后，用打蛋器继续搅拌，直到与黄油完全混合在一起。

3　一个一个地打入鸡蛋，每打入一个即用打蛋器进行搅拌。

4　加入事先混合好的面粉，用硅胶刮刀进行搅拌。

5　搅拌到只有少许粉末时，加入番茶和40g核桃仁，用硅胶刮刀继续搅拌。

6　将面团放入准备好的模具中，面团中间部分低平并且在中间纵向划一道1cm深的缝。

7　将剩余的核桃仁撒在表面。

8　将模具放入160℃的烤箱中，烘焙25分钟后取出。将烤箱的温度调到140℃，并在蛋糕表面覆盖铝箔继续烘焙45分钟。关闭电源，让蛋糕在烤箱中自然冷却。

纳豆味噌磅蛋糕

这是我想象着春天而创造出的一款蛋糕。从蛋糕表面能够看到大大小小的豆子，非常和谐，所以建议您也选择大小不一的纳豆。白味噌甜中带酸的味道使纳豆的甜味更加突出。

白味噌比茶色味噌要甜很多，同时也有咸味，因此会使蛋糕变得酸甜可口，材料中添加这种发酵食品能使蛋糕的味道更加浓郁。选择甜纳豆作为材料制作的蛋糕特别适合搭配煎茶享用。

材料 24.5cm 山形模具1个份

无盐黄油	150g
鸡蛋	3个
细砂糖	130g
低筋面粉	180g
泡打粉	1小勺
甜纳豆（混合）	180g
白味噌	65g

准备

＊ 将黄油和鸡蛋放置在室温环境下。
＊ 在盆中放入低筋面粉和泡打粉，用打蛋器混合。
＊ 将电烤箱预热到160℃。
＊ 在山形模具中放入烘焙用纸。

制作方法

1 在大盆中放入事先准备好的黄油，用打蛋器进行搅拌，直到黄油变得比较柔软。

2 加入细砂糖后，用打蛋器继续搅拌，直到与黄油完全混合在一起。

3 加入白味噌，使用打蛋器仔细搅拌。

4 一个一个地打入鸡蛋，每打入一个即用打蛋器进行搅拌。

5 加入事先混合好的面粉，用硅胶刮刀进行搅拌。

6 搅拌到只有少许粉末时，加入甜纳豆，用硅胶刮刀继续搅拌。

7 将面团放入准备好的模具中，面团中间部分低平并且在中间纵向划一道1cm深的缝。

8 将模具放入160℃的烤箱中，烘焙25分钟后取出。将烤箱的温度调到140℃，并在蛋糕表面覆盖铝箔继续烘焙45分钟。关闭电源，让蛋糕在烤箱中自然冷却。

无花果干
芝麻味噌磅蛋糕

无花果干黏黏的口感和芝麻吃到嘴里的感觉非常
相似，而且两者搭配白味噌之后，味道都更加浓郁。
这款蛋糕可以说是和风与异国风味的完美融合。

材料 24.5cm 山形模具1个份

无盐黄油	150g
鸡蛋	3个
细砂糖	130g
低筋面粉	180g
泡打粉	1小勺
无花果干	130g
白芝麻（面团用）	2大勺
白芝麻（装饰用）	1大勺
白味噌	65g

准备

* 将黄油和鸡蛋放置在室温环境下。
* 在盆中放入低筋面粉和泡打粉，用打蛋器混合。
* 将无花果干切成1cm大小的块。
* 将电烤箱预热到160℃。
* 在山形模具中放入烘焙用纸。

无花果和芝麻都是从非洲经过中东传入中国的。由这个历史我们不难感受到那种原始的朴素力量。在烤好的蛋糕上淋上鲜奶油，撒上无花果小块和白芝麻即可享用了。

制作方法

1 在大盆中放入事先准备好的黄油，用打蛋器进行搅拌，直到黄油变得比较柔软。

2 加入细砂糖后，用打蛋器继续搅拌，直到与黄油完全混合在一起。

3 加入白味噌，用打蛋器充分搅拌。

4 一个一个地打入鸡蛋，每打入一个即用打蛋器进行搅拌。

5 加入事先混合好的面粉，用硅胶刮刀进行搅拌。

6 搅拌到只有少许粉末时，加入干无花果和面团用白芝麻，用硅胶刮刀继续搅拌。

7 将面团放入准备好的模具中，面团中间部分低平并且在中间纵向划一道1cm深的缝。

8 将装饰用白芝麻撒在蛋糕表面。

9 将模具放入160℃的烤箱中，烘焙25分钟后取出。将烤箱的温度调到140℃，并在蛋糕表面覆盖铝箔继续烘焙45分钟。关闭电源，让蛋糕在烤箱中自然冷却。

坚果小梅子味噌磅蛋糕

小梅子味噌混入面团之后，将各式坚果混合加入面团完成烘烤，这样我们就能得到一款芬芳四溢、酸甜可口的蛋糕。这种没有束缚的味道是最美妙的，经过烘焙的小梅子味噌似乎带有一丝奶酪的味道。

制作材料 24.5cm 山形模具1个份

无盐黄油……………………… 150g
鸡蛋………………………………3 个
细砂糖…………………………… 130g
低筋面粉………………………… 200g
泡打粉…………………………… 1小勺
各类坚果（杏仁、腰果、
开心果混合）…………………… 50g
小梅子味噌（P87）…… 100g

准备

＊ 将黄油和鸡蛋放置在室温环境下。
＊ 在盆中放入低筋面粉和泡打粉，用
　打蛋器混合。
＊ 将坚果切成大块。
＊ 将电烤箱预热到160℃。
＊ 在山形模具中放入烘焙用纸。

制作方法

1　在大盆中放入事先准备好的黄油，用打蛋器进行
　　搅拌，直到黄油变得比较柔软。

2　加入细砂糖后，用打蛋器继续搅拌，直到与黄油
　　完全混合在一起。

3　一个一个地打入鸡蛋，每打入一个即用打蛋器进
　　行搅拌。

4　加入事先混合好的面粉，用硅胶刮刀进行搅拌。

5　搅拌到只有少许粉末时，加入各类坚果和小梅子
　　味噌，使用硅胶刮刀继续搅拌。

6　将面团放入准备好的模具中，面团中间部分低平
　　并且在中间纵向划一道1cm深的缝。

7　将模具放入160℃的烤箱中，烘焙25分钟后取
　　出。将烤箱的温度调到140℃，并在蛋糕表面覆
　　盖铝箔继续烘焙45分钟。关闭电源，让蛋糕在烤
　　箱中自然冷却。

在我曾经工作的店铺中，店主和同事们的审美水
平都非常高，受他们的影响，我自己也开始喜欢
上了插花。在一些较空的地方摆上插花，整体的
感觉马上就发生了变化，我也经常把这些插花吊
放在厨房中。

图书在版编目（CIP）数据

磅蛋糕和果酱的绝美搭配/(日)关口晃世著；邓楚泓译. -- 北京：中国民族摄影艺术出版社，2017.9
ISBN 978-7-5122-1023-3

Ⅰ.①磅… Ⅱ.①关… ②邓… Ⅲ.①蛋糕－糕点加工②果酱－制作 Ⅳ.①TS213.2②TS255.43

中国版本图书馆CIP数据核字(2017)第176923号

TITLE：［Circus no Dokonimo nai Pound Cake］
BY：［Teruyo Sekiguchi］
Copyright © 2015 Teruyo Sekiguchi
Original Japanese language edition published by Seibundo Shinkosha Publishing Co., Ltd.
All rights reserved. No part of this book may be reproduced in any form without the written permission of the publisher.
Chinese translation rights arranged with Seibundo Shinkosha Publishing Co., Ltd., Tokyo through NIPPAN IPS Co., Ltd.

本书由日本株式会社诚文堂新光社授权北京书中缘图书有限公司出品并由中国民族摄影艺术出版社在中国范围内独家出版本书中文简体字版本。
著作权合同登记号：01-2017-6134

策划制作：北京书锦缘咨询有限公司（www.booklink.com.cn）
总 策 划：陈 庆
策 划：李 伟
设计制作：王 青

书 名：磅蛋糕和果酱的绝美搭配
作 者：［日］关口晃世
译 者：邓楚泓
责 编：张 璞
出 版：中国民族摄影艺术出版社
地 址：北京东城区和平里北街14号（100013）
发 行：010-64211754 84250639 64906396
印 刷：北京画中画印刷有限公司
开 本：1/16 185mm×260mm
印 张：6
字 数：60千字
版 次：2017年11月第1版第1次印刷
ISBN 978-7-5122-1023-3
定 价：42.00元